# Welcome

Thank you for choosing Page A Day Math, a great way to introduce essential math basics and writing numbers. Page A Day Math books help your child develop a solid math foundation through daily step-by-step practice, repetition, and of course, the friendly Math Squad!

How to Use This Book
1. Student traces and solves each problem, completing a page a day, front and back.
2. Parent checks answers and circles incorrect problems.
3. Student corrects errors.
4. Student colors in achievement stars each day when finished!

 Have Fun

Copyright © 2017 by Page A Day Math. All rights reserved. Published by Page A Day Math LLC. Page A Day Math with the Math Squad is a trademark of Page A Day Math. Page A Day Math and Page A Day Math with the Math Squad and all associated logos are trademarks and/or registered trademarks of Page A Day Math LLC.

ISBN – 978-1-947286-05-4

No part of this publication may be reproduced, stored in a retrieval system, or transmitted in any form or by any means, electronic, mechanical, photocopying, recording, or otherwise, without written permission from the publisher. For information regarding permission, write to Page A Day Math, Attention: Permission Department, 6890 E Sunrise Dr. Suite 120-203, Tucson, AZ 85750. Created and written by Janice Auerbach.

 # Getting Started

This book belongs to _____

Dear Super Hero Math Student,

You can be a Math Squad Super Hero like Flo, Jo, Bo, Zo, and me! Practice every day and you'll be a math star too!

P.S. Check out what my math buddies and I are up to in the Math Squad Monthly at www.PageADayMath.com.

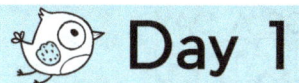 # Day 1

Count ➡ 0 + 🦴 = 🦴

Learn ➡ 0 + 6 = 6

Trace ➡ 0 + 6 = 6

Copy ➡ ☐ + ☐ = ☐

Mo says, "Practice and be a math star!"

1) 0 + 6 = ☐

2) 5 + 10 = ☐

3) 9 + 5 = ☐

4) 6 + 0 = ☐

5) 4 + 9 = ☐

6) 10 + 4 = ☐

7) 6 + 0 = ☐

8) 5 + 5 = ☐

9) 4 + 4 = ☐

10) 0 + 6 = ☐

© 2017 Page A Day Math, LLC

Day 1

Wow, you are learning fast. Here are a few more.

11) 0 + 6 =
12) 5 + 5 =
13) 6 + 0 =
14) 0 + 10 =
15) 10 + 2 =
16) 9 + 4 =
17) 5 + 9 =

18) 2 + 2 =
19) 5 + 8 =
20) 9 + 2 =
21) 7 + 5 =
22) 10 + 1 =
23) 3 + 3 =
24) 5 + 10 =

Color in the stars each day when you finish!

Day 2

Count ➯

Learn ➯ 1 + 6 = 7

Trace ➯ 1 + 6 = 7

Copy ➯ ☐ + ☐ = ☐

You are on your way to success! Try these!

1) 1 + 6 = ☐

2) 6 + 1 = ☐

3) 5 + 9 = ☐

4) 10 + 4 = ☐

5) 8 + 3 = ☐

6) 3 + 10 = ☐

7) 7 + 5 = ☐

8) 6 + 1 = ☐

9) 10 + 5 = ☐

10) 1 + 6 = ☐

Day 2

You are coming along. Practice makes perfect!

11) 4 + 2 =

12) 6 + 1 =

13) 0 + 6 =

14) 3 + 4 =

15) 1 + 6 =

16) 3 + 4 =

17) 6 + 0 =

18) 6 + 1 =

19) 2 + 6 =

20) 3 + 9 =

21) 5 + 4 =

22) 6 + 0 =

23) 2 + 5 =

24) 1 + 6 =

 Color in the stars each day when you finish!

Day 3

Count ⇨ ✖ + ✖ = ✖

Learn ⇨ 2 + 6 = 8

Trace ⇨ 2 + 6 = 8

Copy ⇨ ☐ + ☐ = ☐

Hurray! Keep going. You've got it.

1) 2 + 6 = ☐   6) 6 + 1 = ☐

2) 6 + 2 = ☐   7) 0 + 6 = ☐

3) 5 + 5 = ☐   8) 4 + 4 = ☐

4) 1 + 6 = ☐   9) 2 + 6 = ☐

5) 6 + 2 = ☐   10) 6 + 0 = ☐

Day 3

Alright! Now review what you have learned.

11) 2 + 6 = ☐   18) 5 + 8 = ☐

12) 6 + 0 = ☐   19) 4 + 7 = ☐

13) 10 + 5 = ☐   20) 1 + 6 = ☐

14) 6 + 2 = ☐   21) 6 + 3 = ☐

15) 1 + 6 = ☐   22) 2 + 6 = ☐

16) 9 + 5 = ☐   23) 6 + 0 = ☐

17) 2 + 6 = ☐   24) 7 + 5 = ☐

 Color in the stars each day when you finish!

# Day 4 Review

Practice makes perfect. That's right!

1) 6 + 2 =

2) 2 + 9 =

3) 4 + 5 =

4) 3 + 5 =

5) 4 + 3 =

6) 7 + 4 =

7) 4 + 9 =

8) 5 + 3 =

9) 2 + 3 =

10) 6 + 1 =

11) 7 + 3 =

12) 5 + 6 =

13) 7 + 2 =

14) 8 + 3 =

 # Day 4 Review

Keep practicing! You are improving each day. Woof!

15) 7 + 4 =

16) 3 + 6 =

17) 6 + 4 =

18) 3 + 4 =

19) 3 + 3 =

20) 4 + 5 =

21) 6 + 1 =

22) 2 + 6 =

23) 8 + 4 =

24) 2 + 2 =

25) 2 + 4 =

26) 4 + 4 =

27) 4 + 10 =

28) 9 + 4 =

 Color in the stars each day when you finish!

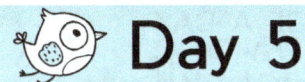

Day 5

Count ⇨ 🦴 + 🦴 = 🦴

Learn ⇨ 3 + 6 = 9

Trace ⇨ 3 + 6 = 9

Copy ⇨ ☐ + ☐ = ☐

You are doing so well. Keep it up. Terrific!

1) 6 + 3 =

2) 3 + 6 =

3) 6 + 1 =

4) 5 + 4 =

5) 6 + 3 =

6) 0 + 6 =

7) 2 + 6 =

8) 3 + 6 =

9) 6 + 1 =

10) 6 + 2 =

Day 5

You are getting better each day. Woof! Yippee.

11) 3 + 6 =
12) 4 + 2 =
13) 5 + 4 =
14) 6 + 2 =
15) 0 + 6 =
16) 6 + 3 =
17) 1 + 6 =

18) 2 + 5 =
19) 3 + 2 =
20) 6 + 3 =
21) 2 + 4 =
22) 5 + 6 =
23) 3 + 3 =
24) 3 + 6 =

Day 6

Count ⇨

Learn ⇨ 4 + 6 = 10

Trace ⇨ 4 + 6 = 10

Copy ⇨

Mo says, "Try these...woof...go for it!"

1) 4 + 6 =
2) 6 + 4 =
3) 6 + 1 =
4) 3 + 6 =
5) 4 + 6 =

6) 6 + 1 =
7) 5 + 6 =
8) 6 + 4 =
9) 2 + 6 =
10) 6 + 0 =

 # Day 6

You are on the right track. Hurray. Keep it up!

11) 4 + 6 =
12) 5 + 9 =
13) 6 + 4 =
14) 9 + 4 =
15) 6 + 2 =
16) 4 + 6 =
17) 6 + 3 =

18) 9 + 3 =
19) 1 + 6 =
20) 8 + 4 =
21) 9 + 2 =
22) 6 + 4 =
23) 6 + 0 =
24) 3 + 8 =

Day 7

Count ➡

Learn ➡ 5 + 6 = 11

Trace ➡ 5 + 6 = 11

Copy ➡

OK, now try these. Flo knows you can do it.

1) 5 + 6 =

2) 6 + 5 =

3) 4 + 6 =

4) 6 + 1 =

5) 5 + 6 =

6) 2 + 6 =

7) 6 + 5 =

8) 3 + 6 =

9) 0 + 6 =

10) 6 + 5 =

Day 7

Terrific! Good for you. Now finish these.

11) 5 + 6 =   18) 5 + 6 =

12) 4 + 6 =   19) 1 + 6 =

13) 6 + 2 =   20) 4 + 4 =

14) 6 + 5 =   21) 6 + 0 =

15) 3 + 4 =   22) 4 + 5 =

16) 2 + 5 =   23) 5 + 3 =

17) 6 + 3 =   24) 5 + 6 =

Day 8 Review

I'm happy to see you working like that. Yay!

1) 5 + 6 =

2) 3 + 6 =

3) 5 + 5 =

4) 6 + 5 =

5) 2 + 2 =

6) 3 + 9 =

7) 6 + 1 =

8) 4 + 6 =

9) 4 + 4 =

10) 9 + 5 =

11) 5 + 4 =

12) 2 + 6 =

13) 3 + 3 =

14) 9 + 4 =

© 2017 Page A Day Math, LLC

 # Day 8 Review

The Math Squad admires your determination. Wonderful!

15) 6 + 5 =   22) 6 + 1 =

16) 5 + 9 =   23) 3 + 6 =

17) 4 + 6 =   24) 9 + 4 =

18) 5 + 4 =   25) 2 + 8 =

19) 8 + 4 =   26) 6 + 5 =

20) 3 + 7 =   27) 5 + 2 =

21) 6 + 2 =   28) 0 + 6 =

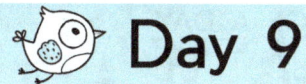

Day 9

Count ➡ + =

Learn ➡ 6 + 6 = 12

Trace ➡ 6 + 6 = 12

Copy ➡

You are really improving. Bark-bark.

1) 6 + 6 =

2) 2 + 1 =

3) 4 + 4 =

4) 6 + 6 =

5) 3 + 3 =

6) 5 + 5 =

7) 5 + 4 =

8) 3 + 2 =

9) 6 + 6 =

10) 2 + 2 =

Day 9

Super! You are doing so well. Try these.

11) 4 + 6 =

12) 6 + 6 =

13) 4 + 9 =

14) 6 + 3 =

15) 3 + 4 =

16) 2 + 6 =

17) 4 + 2 =

18) 5 + 4 =

19) 4 + 6 =

20) 1 + 6 =

21) 9 + 5 =

22) 0 + 2 =

23) 8 + 4 =

24) 1 + 5 =

Day 10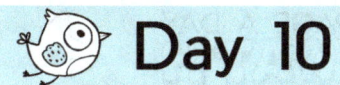

Count ⇨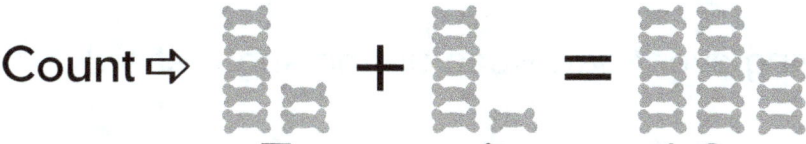

Learn ⇨ 7 + 6 = 13

Trace ⇨ 7 + 6 = 13

Copy ⇨ ☐ + ☐ = ☐

You are so determined. Good for you! Arf-arf!

1) 6 + 7 = ☐

2) 7 + 6 = ☐

3) 6 + 6 = ☐

4) 2 + 6 = ☐

5) 6 + 7 = ☐

6) 6 + 3 = ☐

7) 6 + 0 = ☐

8) 7 + 6 = ☐

9) 6 + 1 = ☐

10) 4 + 6 = ☐

Day 10

You are improving every day. Keep up the super effort!

11) 7 + 6 =

18) 3 + 6 =

12) 2 + 6 =

19) 7 + 5 =

13) 6 + 6 =

20) 9 + 4 =

14) 8 + 5 =

21) 6 + 7 =

15) 6 + 7 =

22) 5 + 5 =

16) 1 + 6 =

23) 6 + 5 =

17) 6 + 4 =

24) 5 + 3 =

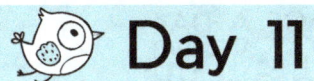

Day 11

Count ⇨ 🦴🦴 + 🦴 = 🦴🦴🦴

Learn ⇨ 8 + 6 = 14

Trace ⇨ 8 + 6 = 14

Copy ⇨ ☐ + ☐ = ☐

You have learned so much. Now try these.

1) 8 + 6 = ☐

2) 6 + 8 = ☐

3) 9 + 5 = ☐

4) 6 + 7 = ☐

5) 5 + 6 = ☐

6) 2 + 6 = ☐

7) 6 + 3 = ☐

8) 8 + 6 = ☐

9) 4 + 6 = ☐

10) 6 + 8 = ☐

Day 11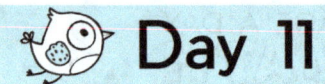

You make it look easy. Way to go. You are awesome!

11) 8 + 6 =   18) 4 + 6 =

12) 6 + 5 =   19) 6 + 8 =

13) 3 + 6 =   20) 4 + 2 =

14) 6 + 8 =   21) 7 + 6 =

15) 6 + 6 =   22) 4 + 3 =

16) 5 + 10 =   23) 8 + 6 =

17) 2 + 6 =   24) 6 + 1 =

 # Day 12 Review

You are a math star! Tremendous. Try these.

1) 8 + 6 =

2) 6 + 3 =

3) 7 + 6 =

4) 4 + 6 =

5) 6 + 2 =

6) 6 + 5 =

7) 1 + 6 =

8) 6 + 6 =

9) 9 + 5 =

10) 3 + 9 =

11) 7 + 6 =

12) 6 + 4 =

13) 4 + 9 =

14) 9 + 2 =

 # Day 12 Review

You have it now. Keep up the super effort. Go for it.

15) 6 + 6 =

16) 5 + 6 =

17) 6 + 8 =

18) 1 + 6 =

19) 6 + 3 =

20) 8 + 6 =

21) 4 + 9 =

22) 5 + 5 =

23) 5 + 4 =

24) 4 + 6 =

25) 2 + 6 =

26) 6 + 0 =

27) 4 + 6 =

28) 6 + 7 =

Day 13

Count ⇨

Learn ⇨ 9 + 6 = 15

Trace ⇨ 9 + 6 = 15

Copy ⇨ ☐ + ☐ = ☐

You have the hang of it. You're great at math!

1) 9 + 6 = ☐   6) 3 + 6 = ☐

2) 6 + 4 = ☐   7) 6 + 9 = ☐

3) 8 + 6 = ☐   8) 5 + 6 = ☐

4) 6 + 9 = ☐   9) 6 + 7 = ☐

5) 2 + 6 = ☐   10) 9 + 6 = ☐

Day 13

Nice going. You can be very proud of yourself. Wow!

11) 9 + 6 =
12) 6 + 2 =
13) 1 + 5 =
14) 8 + 6 =
15) 3 + 6 =
16) 6 + 7 =
17) 4 + 6 =

18) 9 + 4 =
19) 5 + 6 =
20) 3 + 5 =
21) 5 + 2 =
22) 6 + 9 =
23) 8 + 3 =
24) 1 + 6 =

Day 14

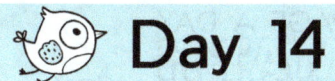

Count ⇨

Learn ⇨ 10 + 6 = 16

Trace ⇨ 10 + 6 = 16

Copy ⇨

You are almost finished! Great job! Yippee!

1) 10 + 6 =

2) 6 + 10 =

3) 4 + 6 =

4) 9 + 6 =

5) 10 + 6 =

6) 5 + 6 =

7) 6 + 2 =

8) 10 + 6 =

9) 6 + 3 =

10) 9 + 6 =

Day 14

Hurray! You earned a certificate! Super cool. Yippee!

11) 6 + 10 =

12) 2 + 6 =

13) 5 + 6 =

14) 10 + 5 =

15) 6 + 1 =

16) 7 + 6 =

17) 6 + 4 =

18) 6 + 3 =

19) 9 + 3 =

20) 4 + 10 =

21) 2 + 9 =

22) 6 + 8 =

23) 7 + 2 =

24) 0 + 6 =

Certificate

HURRAY! YOU ARE A MATH STAR!

THE MATH SQUAD CONGRATULATES _____
FOR COMPLETING **ADDITION AND COUNTING, BOOK 6.**

www.ingramcontent.com/pod-product-compliance
Lightning Source LLC
Chambersburg PA
CBHW081403080526
44588CB00016B/2577